DR. MOHAMMEDABRAR H. MALEK

Avanços Evolutivos e Metodológicos na Macromolécula Dendrítica

DR. MOHAMMEDABRAR H. MALEK

Avanços Evolutivos e Metodológicos na Macromolécula Dendrítica

ScienciaScripts

Imprint

Cover image: www.ingimage.com

This book is a translation from the original published under ISBN 978-620-7-84488-3.

Publisher:
Sciencia Scripts
is a trademark of
Dodo Books Indian Ocean Ltd. and OmniScriptum S.R.L publishing group

120 High Road, East Finchley, London, N2 9ED, United Kingdom
Str. Armeneasca 28/1, office 1, Chisinau MD-2012, Republic of Moldova, Europe
Printed at: see last page
ISBN: 978-620-8-27488-7

"Evolução e metodologia Avanços em Dendritic Macromolécula"

ÍNDICE

ÍNDICE 2
1. INTRODUÇÃO 5
1.1. Macromolécula dendrítica 6
1.2. Denominação dos dendrímeros 8
1.3. Química dos dendrímeros 9
1.4. Dendrímeros Fisiologia molecular 17
1.5. Diferentes categorias de dendrímeros 21
1.6. Dendrímeros: A sua caraterização distinta 27
1.7. Aplicações dos dendrímeros 32
1.8. CONCLUSÃO E DIRECÇÕES FUTURAS 42
ABREVIATURAS 44

RESUMO:

Este livro do Dr. MohammedAbrar H. Malek apresenta uma análise abrangente dos dendrímeros, destacando a sua síntese, caraterização estrutural e potenciais aplicações em vários domínios. O livro investiga o contexto histórico dos polímeros dendríticos, traçando a sua evolução desde a concetualização inicial por Flory em 1941 até à síntese prática de dendrímeros monodispersos por Tomalia na década de 1980. O texto categoriza os materiais dendríticos em subclasses, tais como polímeros dendríticos, dendrões, polímeros de bloco linear-dendrítico, entre outros, elucidando os seus atributos estruturais únicos.

Uma parte significativa do livro é dedicada aos métodos de síntese de dendrímeros, contrastando abordagens divergentes e convergentes. Enfatiza os desafios enfrentados pelos químicos sintéticos na obtenção de altos rendimentos e pureza, dada a intrincada ramificação necessária para as estruturas de dendrímeros. O livro também explora a nomenclatura dos dendrímeros, detalhando a evolução da terminologia e as convenções actuais na descrição das suas complexas arquitecturas moleculares.

Apesar das suas aplicações promissoras na administração de medicamentos, catálise e ciência dos materiais, a comercialização de dendrímeros continua a ser limitada devido aos elevados custos de produção e às complexidades sintéticas. O livro sublinha os esforços de investigação em curso destinados a desenvolver técnicas sintéticas mais eficientes para facilitar a produção em grande escala e alargar a acessibilidade dos polímeros dendríticos para uso industrial.

Através de discussões detalhadas e referências extensas a trabalhos seminais no campo, "Dendrimers" serve como um recurso valioso para investigadores e profissionais em química de polímeros, oferecendo uma visão sobre o estado atual e perspectivas futuras da tecnologia de polímeros dendríticos.

O principal objetivo deste livro é compilar uma grande quantidade de dados sobre dendrímeros sintéticos, passando em revista a sua história, métodos de síntese, técnica de caraterização, potenciais consequências biológicas e categorização.

1. INTRODUÇÃO

O avanço da tecnologia de síntese tem ajudado os investigadores em vários sectores, incluindo a investigação de polímeros. Estes avanços tornaram possível o desenvolvimento de polímeros únicos. Como resultado direto, a procura de materiais poliméricos de alta tecnologia está a aumentar mais do que em qualquer outro momento da história, impulsionando a produção. Independentemente das circunstâncias específicas que envolvem a aplicação, a estrutura intrínseca do polímero tem um impacto significativo nas propriedades do material incorporado. Por este motivo, o estabelecimento e a expansão da variedade estrutural na conceção de polímeros são fases essenciais para a construção de futuros materiais de elevado desempenho.

Os investigadores em química de polímeros trabalham mais depressa do que nunca para fornecer polímeros de precisão com um controlo estrutural perfeito. Estes polímeros têm as seguintes caraterísticas: (i) a incorporação controlada de grupos funcionais, (ii) a inserção sequencialmente controlada dos monómeros na cadeia principal, e (iii) polímeros que reagem eficazmente a estímulos externos. Devido à necessidade de macromoléculas muito complexas, foram desenvolvidos polímeros dendríticos. Estes polímeros são reconhecidos pelas suas várias ramificações. Estas estruturas foram produzidas com química orgânica macromolecular avançada (Lutz, J. F., 2017; Flory, P. J., 1941; Martens, S., 2017; Lutz, J. F., 2013; Francis,

R.,2016; Wei, M., 2017) amplamente considerada como um desenvolvimento inovador na tecnologia de polímeros.

1.1. Macromolécula dendrítica

O termo "Materiais dendríticos" refere-se a uma categoria alargada que inclui uma variedade de subclasses que são tipicamente classificadas de acordo com as estruturas do material. Polímeros dendríticos, dendrões, polímeros em bloco linear-dendrítico, polímeros dendronizados, dendrímeros monodispersos e

Os polímeros hiper ramificados polidispersos são alguns exemplos das várias subclasses que se enquadram nesta categoria, como se pode ver na **(Figura 1)**. Desde a síntese inicial bem sucedida de (Buhleier, E., 1978) de um desenho semelhante a um dendrão de geração inferior, tem havido um aumento meteórico na investigação destas estruturas. A estrutura dos dendrímeros foi identificada pela primeira vez por (Flory, P. J., 1941), que foi quem inicialmente os descreveu teoricamente. Depois, no início dos anos 80, (Tomalia, D. A., 1985) relatou a primeira síntese prática totalmente incorporada de polímeros regularmente ramificados com topologias monodispersas. Conseguiram este feito utilizando os sistemas paralelos de Newkome denominados arboróis (Newkome, G. R., 1985). Estes polímeros acabaram por ser designados por "dendrímeros".

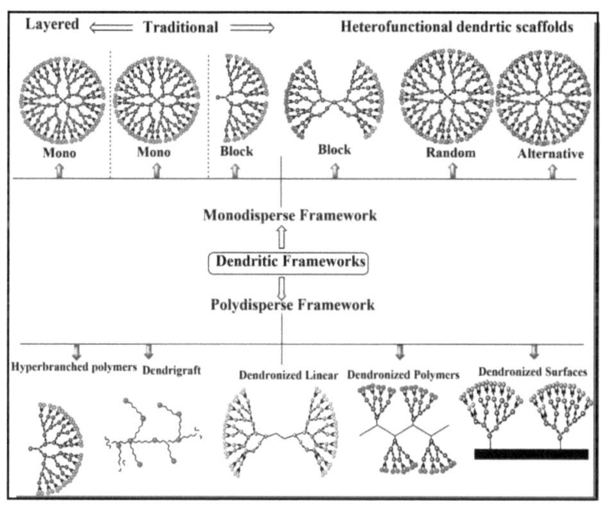

Figura 1 Diferentes classes de polímeros dendríticos.

Mais de 28.000 publicações académicas e 39.000 patentes ou aplicações foram escritas em torno de arquitecturas de moléculas dendríticas. Apesar das muitas utilizações potenciais das moléculas dendríticas, ainda não se registou uma comercialização generalizada por parte das indústrias. A principal causa é o elevado custo de fabrico e a escassa oferta disponível para a comunidade científica, devido às dificuldades em gerar scaffolds monodispersos. Por esta razão, os cientistas estão constantemente a explorar novas técnicas sintéticas para a produção comercial eficiente em grande escala destes polímeros dendríticos. Esta retrospetiva tem como objetivo fornecer uma introdução concisa aos polímeros dendríticos, incluindo definições destes polímeros e um esboço das muitas abordagens sintéticas que podem ser utilizadas para os fabricar.

1.2. Denominação Dendrimers

Uma provável origem grega do termo "dendrímero" é a fusão dos substantivos "dendrons", que significa "árvore", e "meros", que significa "partes". É essencial familiarizarmo-nos com a terminologia e a sintaxe utilizadas para definir os dendrímeros e identificar os seus componentes, uma vez que estes variam significativamente dos polímeros lineares. Além disso, como esta terminologia evoluiu, prevêem-se numerosas alterações nos próximos anos. Os dendrímeros são moléculas enormes e complicadas que podem ter as suas estruturas químicas pormenorizadas com uma minúcia excruciante (Lutz, J. F., 2017). O diagrama intitulado **(Figura 1.1)** ilustra a estrutura geral do dendrímero.

Newkome propôs a nomeação de macromoléculas dendríticas de uma forma que progredia do núcleo molecular para os terminais da cadeia (Newkome, G. R., 1985). Infelizmente, esta abordagem ainda não se tornou a prática corrente, uma vez que é difícil de aprender e pode não se aplicar a todos os tipos de dendrímeros. Pelo contrário, os cientistas recorreram a um vasto leque de acrónimos e alterações, a maioria dos quais pode ser classificada numa de três categorias: A primeira abordagem, que os dendrímeros starburst de Tomalia podem identificar, consiste em desenhar os componentes de construção e determinar o número de fases ou ciclos que o resultado final terá. Outra forma de caraterizar os dendrímeros consiste em contar o número de unidades monoméricas que contêm.

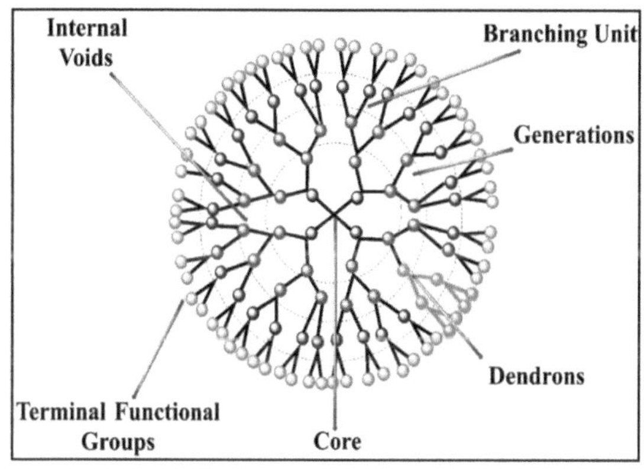

Figura 1.1 Representação esquemática do dendrímero.

1.3. Química dos dendrímeros

Abordagens de síntese de dendrímeros

Os químicos sintéticos têm grandes dificuldades em conceber técnicas que criem as macromoléculas necessárias com rendimentos e pureza aceitáveis, devido ao potencial de sintetizar estruturas dendríticas para serem incluídas em produtos com determinadas caraterísticas exigidas. Os dendrímeros podem ser identificados pelas suas ligações covalentes, peso molecular e três caraterísticas estruturais **(Figura 1)**: a parte central da molécula, os membros que se estendem para fora e os grupos funcionais que a rodeiam (Lutz, J. F., 2017); Devido à sua importância para o dendrímero, vários químicos sintéticos trabalharam para melhorar certos aspectos. A estrutura de ramificação do dendrímero rege a morfologia e a taxa de crescimento do ecossistema interno. São construídos a partir de uma série de elementos estruturais recorrentes, exigindo o desenvolvimento de técnicas sintéticas que possam realizar estas etapas de forma eficiente. Por conseguinte, esta análise baseia-se fortemente nos pormenores da estrutura de ramificação.

❖ **Rotas genéricas para a síntese de dendrímeros**

A síntese de dendrímeros é um processo em várias etapas. Os monómeros são frequentemente adicionados repetidamente a um núcleo polifuncional central para sintetizar estas moléculas (Shi, X., 2006) A síntese de dendrímeros envolve a estratificação de unidades monoméricas para gerar uma nova geração de dendrímeros. Esta reação é seguida de purificação e de outra reação para "ativar" o dendro ou dendrímero desenvolvido para a fase subsequente (Sto ckigt, D., 1996, Ziemba, B., 2012, Buhleier, E., 1978). Duas abordagens diferentes para sintetizar dendrímeros foram exploradas e testadas, e ambas foram bem-sucedidas. Primeiro, Tomalia e Newkome et al. conceberam a técnica de crescimento divergente para dendrímeros starburst e moléculas em cascata. Uma nova estratégia de crescimento convergente, delineada por Hawker e Frechet, é um desenvolvimento relativamente recente. O contraste essencial que pode ser notado entre estas duas abordagens sintéticas é a forma como elas se expandem (Denkewalter, R. G., 1978, Tomalia, D. A., 1985, Newkome, G. R., 1985).

O processo de síntese na abordagem divergente começa no centro da molécula. Depois disso, o processo continua, expandindo-se radialmente para fora e colocando em camadas mais monómeros ramificados. À medida que o processo continua, as moléculas dendríticas resultantes tornam-se cada vez mais complexas, com mais e mais expulsões de cadeia e grupos funcionais reactivos. Quando se utiliza uma abordagem convergente, pelo contrário, a síntese começa na periferia da molécula. Por último, mas não menos importante, a molécula é construída a partir do exterior através de acções designadas por acoplamento, igualmente realizadas por ordem sequencial. Foi demonstrado que ambas as abordagens resultam no mesmo desenho, apesar dos seus procedimentos de desenvolvimento altamente distintos e de proporcionarem uma variedade de vantagens e contras adicionais (Newkome, G. R., 1985).

❖ **Conceito de estratégia divergente**

Uma estratégia divergente foi a base da primeira técnica desenvolvida para sintetizar dendrímeros (Tomalia, D. A., 1990, Newkome, G. R., 1985). **(Figura 1.2)** apresenta uma versão simplificada deste procedimento, que é teoricamente simples e frequentemente muito prático do ponto de vista sintético. Permite a construção de dendrímeros modulares em que o exterior topológico da molécula pode ser introduzido na última fase. A reação de adição de Michael é utilizada nesta abordagem divergente para realizar a síntese do dendrímero, que procede do núcleo multifuncional para o

região externa expandida. Cada etapa da reação deve ser concluída para evitar erros no dendrímero que possam comprometer as gerações dendríticas futuras. Estas impurezas podem interferir com o funcionamento e a simetria do dendrímero. No entanto, existe uma ligeira diferença entre dendrímeros perfeitos e defeituosos, pelo que a sua purificação é difícil.

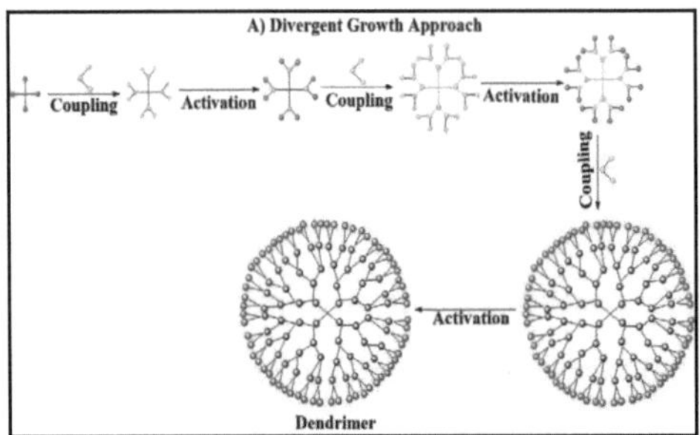

Figura 1.2 Diagrama mostrando a forma divergente de sintetizar dendrímeros.

PPI (polipropileno imina) e PAMAM (poli(amidoamina)) são os dendrímeros sintetizados utilizando abordagens divergentes e estão disponíveis comercialmente. Uma das principais desvantagens desta abordagem é o facto de produzir dendrímeros defeituosos devido a um desenvolvimento incompleto e a consequências não intencionais. Por este motivo, recomenda-se a utilização de um enorme excedente de reagentes para minimizar a probabilidade de reacções secundárias indesejáveis e falhas.

Cientistas de diferentes períodos utilizaram estes dois dendrímeros comercialmente disponíveis com esta abordagem alternativa para sintetizar e gerar uma vasta gama de derivados valiosos. Estes derivados permitem uma maior funcionalização dos grupos periplásmicos do dendrímero, dando origem a uma nova molécula dendrítica. De acordo com (Put 1996), esta abordagem é eficiente porque os tipos de grupos encontrados no perímetro do dendrímero são susceptíveis de controlar a sua solubilidade e, mais amplamente, as suas interações intermoleculares. Esta

tem sido utilizado para sintetizar com sucesso muitos derivados de dendrímeros de muitos tipos diferentes. Estes derivados de dendrímeros foram utilizados numa variedade de aplicações.

❖ Conceito de tácticas convergentes e convergentes de dupla fase

Hawker & Fre chet descobriram a expansão convergente para os dendrímeros na década de 1990 (Hawker, C., 1990). (**A Figura 1.3** mostra o esquema convergente geral, segundo o qual a construção desta molécula começa no exterior e trabalha no interior. Esta técnica tem várias vantagens. Em primeiro lugar, facilita a separação cromatográfica. Em segundo lugar, envolve um ritmo constante de reacções de formação de ligações ao longo do processo. Por último, se algo correr mal durante o processo, o resultado final terá um peso molecular diferente do esperado. Um conjunto de dendrões ligados a uma sucessão de outros núcleos moleculares pode ser construído desta forma, produzindo dendrímeros com periferias idênticas mas centros topológicos distintos. Podem ser sintetizados dendrões com grupos funcionais, o que nos permite construir estruturas supramoleculares ou fazer ligações covalentes a superfícies (Zeng, F., 1997; Wooley, K. L., 1991; Hudson, S. D., 1997).

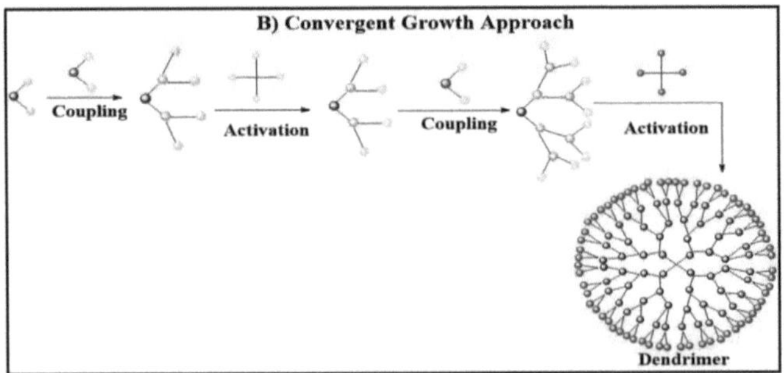

Figura 1.3 Diagrama que mostra a forma convergente de sintetizar dendrímeros.

A técnica convergente tem sido amplamente utilizada nos domínios científicos para sintetizar novos dendrímeros devido à sua maior precisão no controlo da estrutura dos dendrímeros. Contraditoriamente, o potencial comercial

da estratégia de convergência ainda não foi totalmente explorada. Devido à fase de purificação adicional, é um desafio sintetizar até mesmo quantidades mínimas de dendrímeros especializados.

Outras abordagens

❖ Conceito de abordagem de crescimento exponencial duplo

A ativação de um foco central conduz à expansão para o interior e a estimulação de um aglomerado de superfície conduz ao crescimento para o exterior. Uma porção ramificada contendo dois locais de acoplamento é totalmente protegida e sofre desproteção selectiva. A desproteção da superfície e o ponto focal da unidade de ramificação são processos diferentes. Primeiro, a proteção da superfície da unidade de ramificação é removida e, em seguida, o ponto de foco da unidade de ramificação é protegido. A segunda geração de dendrões é gerada quando ambos os dendrões desprotegidos reagem. A última fase envolve a fusão dos dendrões para formar um núcleo, cuja forma é determinada pela estrutura atómica do dendrímero. O equivalente de dendrões de quarta geração é concebível através da repetição do processo de síntese. (**A Figura 1.4** mostra a estratégia de síntese acima referida (Kawaguchi, T., 1995; Klopsch, R., 1996).

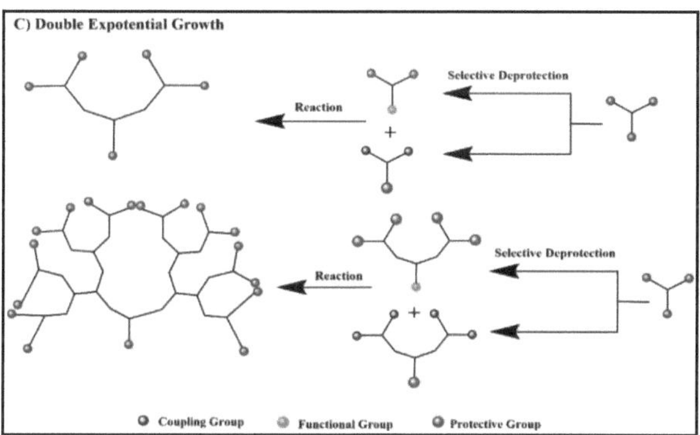

Figura 1.4 Ilustração esquemática da técnica de dupla exponencial utilizada para sintetizar dendrímeros.

❖ Conceito de Hyper Core ou Hypermonomer Crescimento do Dendrímero

De acordo com as informações da (**Figura 1.5**), o processo de síntese de dendrímeros pode ser acelerado através da realização inicial de uma montagem introdutória de entidades oligoméricas. Esta montagem pode ser vista como uma etapa necessária no processo. Este método pode diminuir ou aumentar as etapas necessárias para sintetizar dendrímeros através do acoplamento de moléculas oligoméricas. A síntese em bloco ativa as unidades exteriores do hiper-núcleo num nó para fazer ligações químicas com monómeros ramificados. Estes elementos estruturais são ligados ao hiper-núcleo para produzir dendrímeros da próxima geração. As moléculas de hiper-núcleo com múltiplos grupos de ligação podem desenvolver-se a partir de moléculas de núcleo na sua forma mais simples (Wooley, K. L., 1994).

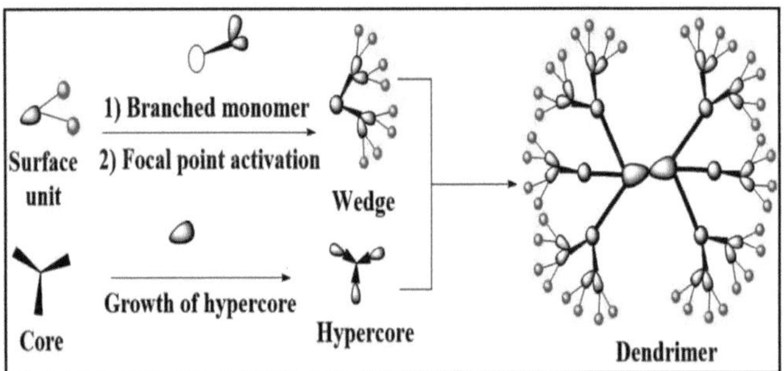

Figura 1.5 Esquema do crescimento do hipernúcleo ou hipermonómero do dendrímero.

Química Lego

Os investigadores examinaram várias formas de minimizar o tempo e o dinheiro necessários para sintetizar dendrímeros, e um dos resultados dos seus esforços é a química Lego. Os dendrímeros de fósforo foram sintetizados utilizando a técnica da química Lego que envolve núcleos altamente funcionalizados e monómeros ramificados (Maraval, V., 2003). Muitas melhorias no processo da abordagem sintética original também aumentaram o número de grupos funcionais da superfície exterior entre 49 e 251 com apenas uma etapa adicional. Para além de produzir mais grupos de superfície terminais em menos reacções, a abordagem utiliza uma quantidade modesta de solvente, tornando a purificação mais fácil.

simples e produzindo subprodutos menos perigosos, como a água e o azoto.

Clique em Química

Uma dessas técnicas para cultivar dendrímeros de forma rápida e fiável é a "química de clique", que consiste na mistura de unidades minúsculas. Os rendimentos químicos elevados sem subprodutos nocivos são a propriedade distintiva de um processo de química de clique. Outras vantagens da química de clique incluem condições de reação simples, químicos facilmente acessíveis e um solvente inofensivo. Consequentemente, a síntese de dendrímeros com grupos de superfície mutáveis pode criar produtos extremamente puros e abundantes (Arseneault, M., 2015).

1.4. Dendrímeros Fisiologia molecular

Os dendrímeros diferem dos polímeros lineares pelo facto de a sua forma e dimensões serem consistentemente definidas pela sua geometria. As macromoléculas com uma distribuição controlada da massa molecular necessitam de uma gestão e controlo precisos ao longo da fase de polimerização. O processo de síntese dos dendrímeros permite um controlo fino da massa molecular e do tamanho. Os dendrímeros são bolas bem compactadas, enquanto as cadeias lineares são bobinas dobráveis na água. O seu tamanho e forma são comparáveis a vários polímeros biológicos críticos, que são esféricos e homogéneos. No domínio da biomedicina, estas macromoléculas são responsáveis por uma infinidade de actividades diferentes (Tande, 2001; Klajnert, B., 2001).

Solubilidade

Outra vantagem das soluções de dendrímeros em relação aos polímeros lineares é a redução da rigidez (Mourey, T. H.,1992). As diferentes terminações da cadeia são responsáveis pela excelente reatividade, indiscrição e solubilidade dos dendrímeros, provando que a estrutura dos seus grupos mais externos afecta significativamente estas caraterísticas (Klajnert, B.,2001). Os dendrímeros com grupos terminais hidrofílicos são um excelente exemplo deste facto, uma vez que se dissolvem em líquidos polares. Em contrapartida, os dendrímeros com extremidades hidrofóbicas podem ser dissolvidos em

líquidos não polares. Os dendrímeros de uma geração inferior têm superfícies enormes em comparação com os seus volumes, porque são suficientemente pequenos para serem esféricos, mas não suficientemente densos para criarem uma superfície densamente compactada. Além disso, devido à sua forma esférica e estrutura de cavidade, os dendrímeros apresentam certas caraterísticas peculiares. A mais importante é a capacidade de encerrar moléculas estranhas no interior da macromolécula hospedeira.

Biocompatibilidade

Qualquer transportador polimérico utilizado em aplicações biomédicas, em geral, não deve ser venenoso e deve ser capaz de se degradar naturalmente. A citotoxicidade de um dendrímero sintetizado deve ser avaliada principalmente pela atividade dos seus grupos exteriores expostos em interações com células vivas (Svenson, S., 2005). Embora a citotoxicidade dos dendrímeros tenha sido amplamente investigada em laboratório, os seus efeitos em seres vivos têm recebido comparativamente pouca atenção. A superfície catiónica dos dendrímeros PAMAM pode causar danos nas membranas, conduzindo, em última análise, à lise celular. De acordo com os resultados dos testes de citotoxicidade, os dendrímeros catiónicos são muito mais perigosos do que os aniónicos, sendo os dendrímeros PAMAM-OH a alternativa menos perigosa em geral (Duncan, R., 2005; Singh, S., 2009).

O tamanho da geração também pode afetar a toxicidade do dendrímero, com algumas investigações a sugerir que as gerações maiores são mais venenosas. Uma investigação recente sobre dendrímeros G4 com terminação amino relacionou a sua toxicidade com os grupos terminais dessas moléculas (Wilczewska, A. Z., 2012). A combinação de dendrímeros com componentes de biocompatibilidade, como as cadeias PEG, torna-os mais biocompatíveis. Não existe uma estratégia mais eficaz do que esta.

Biodegradabilidade

A degradabilidade dos dendrímeros é uma propriedade essencial na administração de medicamentos, uma vez que elimina a possibilidade de quaisquer consequências adversas provocadas pela acumulação da macromolécula no organismo em resultado da bioacumulação. Foi dada maior ênfase ao desenvolvimento de dendrímeros

estruturas que incluíam ligações hidrolisáveis para aplicações medicinais (Sashiwa, H.,20003; Patri, A. K.,2012; Malik, N.,2000; Jang, W.-D.,2009).

De acordo com as análises farmacocinéticas, os dendrímeros com massas moleculares

>41.000 daltons têm maior probabilidade de persistir na circulação durante mais tempo. Por este motivo, os tamanhos dos polímeros devem manter-se dentro dos parâmetros estabelecidos para a filtração renal. Os dendrímeros de poliéster têm sido objeto de intenso estudo há pelo menos dez anos devido à sua notável resistência à degradação biológica e biocompatibilidade. Os dendrímeros biodegradáveis fabricados a partir do ácido 3-D-hidroxi-butanóico e do ácido trimestínico foram apresentados pela primeira vez ao mundo em meados da década de 1990. São as enzimas do corpo que efectuam o metabolismo real.

Distribuição

Um dos aspectos da farmacocinética, a distribuição, explica como os fármacos se deslocam de uma parte do corpo para outra através da distribuição (Madaan, K., 2014; Noriega-Luna, B.,2014; Abbasi, E., 2014; Mekuria, S. L.,2016). Os transportadores de polímeros podem ser manipulados em tamanho e forma para alterar a distribuição. Os dendrímeros e outros transportadores poliméricos requerem uma distribuição corporal que visa naturalmente o tecido in vivo. De acordo com vários estudos, as propriedades físico-químicas, a quantidade de PEGilação, os ligandos e outras variáveis afectam a biodistribuição dos dendrímeros nos órgãos, o direcionamento passivo para os tumores e a duração da circulação. A transmissão de fármacos a tumores cancerosos utilizando polímeros solúveis em água requer um tempo de circulação prolongado. As dimensões e a estrutura do polímero influenciam a forma como as combinações de estruturas moleculares dos fármacos se envolvem na região pretendida. Recomenda-se que os transportadores inteligentes desenvolvam um sistema para restringir a quantidade de medicamento administrado a tecidos que não são os alvos pretendidos (Nasongkla, N.,2005; Roberts, J. C.,1996; Nanjwade, B. K.,2009; Esfand, R.,2001).

1.5. Diferentes categorias de dendrímeros

Os novos avanços técnicos tornaram viáveis todas estas mudanças. Os recentes desenvolvimentos nas técnicas de caraterização e nos produtos químicos

A investigação sobre os dendríticos aumentou a perspetiva de desenvolvimento de um novo suporte dendrítico mais rapidamente do que inicialmente previsto. Para além disso, várias estruturas dendríticas com um tamanho nanoscópico particular e muitos grupos terminais funcionais têm estado recentemente acessíveis no mercado comercial (Fischer, M.,1999; Tomalia, D. A.,1986). A explicação seguinte apresenta alguns exemplos de dendrímeros, cada um com diferentes funções e aplicações. (**A Figura 1.6** ilustra os vários tipos de dendrímeros.

Figura 1.6 A categorização dos dendrímeros.

Dendrímero PAMAM

Vogtle e os seus colegas foram os primeiros a tentar sintetizar e criar estruturas dendríticas utilizando o processo de síntese orgânica. Conseguiram-no com êxito. Posteriormente, Tomalia e os seus colegas, no início dos anos 80, sintetizaram o dendrímero PAMAM. Os dendrímeros PAMAM estão envolvidos em várias actividades biológicas (Tomalia, D. A.,1986) devido aos grupos amina nas suas superfícies e às ligações amida no interior dos seus núcleos. Os dendrímeros PAMAM dopados despertaram o interesse dos investigadores em bioquímica, nanotecnologia e medicina (Yoo, H., 1999) porque são biocompatíveis, têm um tamanho reduzido e são simples de sintetizar. Embora o amoníaco e a etilenodiamina sejam frequentemente utilizados como iniciadores (Esfand,

R.,2001), os dendrímeros PAMAM podem ser produzidos utilizando várias moléculas de núcleo.

Dendrímero PPI

Foi (de Brabander-van den Berg, E. M. M., 1993) quem sintetizou pela primeira vez um dendrímero de poli(propileno imina). Os dendrímeros PPI são macromoléculas hiper-ramificadas com um terminal de amina e a abordagem divergente é a forma mais utilizada para a sua síntese. A reação de adição dupla de Micheal, na qual o acrilonitrilo é repetidamente adicionado a aminas primárias, é um método alternativo para sintetizar dendrímeros PPI. Os nitrilos são então protonados através de catálise heterogénea. A quantidade de aminas primárias pode ser aumentada por um fator de dois através da repetição deste processo. Um dos principais materiais no fabrico de dendrímeros PPI é o 1,4-diaminobutano. Apesar disso, as moléculas com núcleo de amina não são necessárias para a produção de dendrímeros (Koper, G. J. M., 1997).

Dendrímero quiral

Os dendrímeros quirais são um tipo especial que se distingue dos outros dendrímeros pelo facto de serem construídos em torno de núcleos quirais e conterem ramificações constitucionalmente separadas que são quimicamente semelhantes entre si. Devido às suas potenciais utilizações na catálise assimétrica e no reconhecimento químico quiral (Ritze n, A., 1999), os dendrímeros quirais que apresentam caraterísticas não racémicas e uma estereoquímica precisa são um subgrupo interessante de dendrímeros, segundo Ghorai et al. Os núcleos heterocíclicos 1,3,5-trisubstituídos destas macromoléculas estão envoltos em carboidratos. Os potenciais usos para a sua adaptabilidade na obtenção de caraterísticas funcionais únicas incluem materiais de aquisição de luz e esquemas para a transmissão de medicamentos (Ghorai, S., 2004). Uma vez que esta afirmação tem implicações importantes para a utilização de dendrímeros quirais na administração de medicamentos, aguardam-se ansiosamente dados de apoio.

Dendrímero de péptido

A síntese de dendrímeros peptídicos pode ser efectuada de acordo com três abordagens principais. Os dendrímeros peptídicos envolvidos em cadeias peptídicas ou com uma base peptidil-divergente são classificados como "biomoléculas drasticamente diversificadas" (Sadler, K., 2002). Estas duas formas de configuração podem coexistir nos dendrímeros peptídicos. Ambos os elementos podem estar presentes nos dendrímeros peptídicos. Em contraste com os dendrímeros "enxertados", que incluem péptidos nas suas estruturas e funções, os dendrímeros "peptídicos" são construídos inteiramente a partir de aminoácidos. Os polímeros triméricos possuem grupos funcionais de aminoácidos nos seus núcleos e superfícies, mas não possuem péptidos. Síntese do péptido

A síntese de dendrímeros pode ser efectuada de forma convergente ou divergente. A síntese combinatória em fase sólida de bases de dados maciças de dendrímeros peptídicos está ao alcance dos métodos actuais. Estes dendrímeros são utilizados como tensioactivos em diversos sectores industriais e de produção. Os catalisadores de esterase (Kinberger, G. A., 2002), os veículos de transmissão de medicamentos e de genes (Darbre, T., 2006) e os MAP (Boas, U., et all, 2002; Choi, J. S., 2000) foram todas aplicações de dendrímeros peptídicos que Darbre e Reymond utilizaram.

Glicodendrímeros

Os glicodendrímeros são uma subclasse de dendrímeros que se distingue pela inclusão de porções de açúcar (Turnbull, W. B2002; Roy, R., 2003). Estas porções de açúcar podem ser manose, galactose, dissacárido ou glucose. Os glicodendrímeros têm geralmente grupos sacarídeos no exterior da sua molécula, embora tenha havido relatos de glicodendrímeros que incluem uma unidade de açúcar no interior da sua molécula. Os glicodendrímeros são baseados em hidratos de carbono, centrados em hidratos de carbono ou revestidos com hidratos de carbono. Este dendrímero pode fornecer medicamentos a zonas ricas em lectinas. Esperava-se que os sistemas ancorados em lectinas estivessem mais estreitamente relacionados com estes dendrímeros do que as abordagens ancoradas em mono-carboidratos (Oliveira, J. M., 2010; Roy, R., 1993).

Dendrímero entrecruzado

Os dendrímeros entrecruzados são um tipo de polímero que combina estruturas dendríticas e lineares, frequentemente através de uma reconstrução ou copolimerização em bloco. Os híbridos dendríticos podem ocorrer porque os dendrímeros são esféricos e têm vários grupos funcionais nas suas superfícies. Os polímeros lineares dendríticos híbridos podem ser utilizados como adesivos, compatibilizadores, agentes activos de superfície ou noutras aplicações em que o seu pequeno segmento de dendrímero e muitas extremidades de cadeia reactiva são vantajosos (Pushechnikov, A., 2013). Os híbridos dendríticos globulares compactos, rígidos e uniformemente formados foram sintetizados pelas misturas dendríticas obtidas pela combinação de diferentes polímeros com dendrímeros. Foram estudadas várias aplicações de administração de medicamentos utilizando híbridos dendríticos (Roovers, J.,1999).

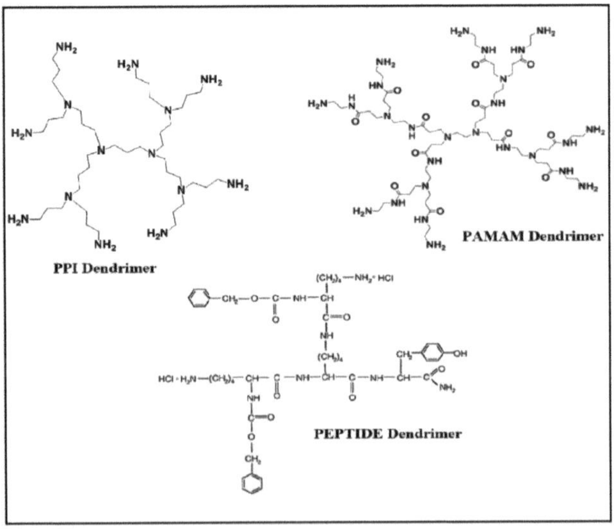

Figura 1.7 Dendrímeros sintetizados conhecidos.

1.6. Dendrímeros: A sua Caracterização Distinta

Os dendrímeros, compostos por monómeros numa estrutura repetitiva, são relevantes para a química dos polímeros. No entanto, devido à natureza sequencial da sua síntese, a química molecular é parte integrante da sua síntese. Por conseguinte, as abordagens analíticas de ambas as disciplinas são frequentemente utilizadas para os descrever. Os dendrímeros são analisados para conhecer a sua composição elementar, forma, polidispersão, falhas estruturais, pureza, homogeneidade, cinética e peso molecular (Scott, R. W. J., 2005). A análise das caraterísticas reológicas e físicas e a espetroscopia, a dispersão, a microscopia, a cromatografia e as abordagens eléctricas também estão incluídas.

Técnicas de espetroscopia

A quantidade de radiação que uma espécie atómica ou molecular emite ou absorve constitui a base da análise espectroscópica. É possível utilizá-la para determinar as espécies de importância, quer sejam atómicas ou moleculares. As técnicas espectroscópicas têm-se revelado úteis na investigação quantitativa e qualitativa de substâncias químicas inorgânicas e orgânicas e na explicação de estruturas moleculares (Turro, N. J., 2002; Caminade, A. M., 2005).

- **Ultra Violeta - Espectrometria Visível**

Para determinar as propriedades do nanocompósito de dendrímero e ouro, Tulja et al. utilizaram a espetroscopia UV-Vis (Rani, G. T., 2012). Este método fornece prova de síntese e altera a superfície dos dendrímeros, como demonstrado pela existência de uma única absorção mais elevada ou pela flutuação no valor lambda max (max). Os picos de absorção mais proeminentes podem ser vistos como curvas separadas nos espectros UV-Vis, que aparecem em diferentes comprimentos de onda. Estes picos podem ser associados a uma ligação molecular específica. Além disso, a espetroscopia UV-Vis pode ser utilizada para identificar as moléculas funcionais ligadas às moléculas dendríticas.

- **Espectrometria de infravermelhos**

A espetrometria de infravermelhos (IV) fornece dados valiosos para o estudo de rotina de processos químicos. Trata-se, portanto, de um método analítico que pode ser utilizado para identificar reacções químicas, grupos funcionais e interações. Kolev e colaboradores investigaram se os dendrímeros de polipropileno imina (PPI) funcionalizados com glicina apresentam ou não ligações de hidrogénio. Kolhe e colaboradores descobriram o mesmo, mostrando que a ausência de aldeídos durante a formação de dendrímeros PMMH indica uma síntese completa e modificações de superfície (Liu, D., 2004;Furer, V. L., 2004; Kolev, T. M., 2005).

- **Espectrometria magnética nuclear**

O exame da cinética e da estrutura das moléculas em soluções é possível através da espetrometria de ressonância magnética nuclear. O dendrímero de melamina foi investigado por Victoria, que utilizou técnicas de RMN 1D e 2D para determinar que os sinais de RMN da molécula variam do seu interior para o seu exterior (Gomez, M. V., 2009).

- **Espectrometria Raman**

Uma forma de analisar coisas que acontecem a baixas frequências, incluindo vibrações e rotações, é através da análise do espetro Raman. Com este método, investigadores liderados por Furer e colegas descreveram dendrímeros de PPI e de fósforo e examinaram a ciclodehidratação de dendrímeros de polifenileno (Furer, V. L., 2004).

- **Espectrometria de fluorescência**

A espetroscopia electromagnética, conhecida como espetroscopia de fluorescência, implica a análise da fluorescência que emana de uma substância. A interação entre aditivos químicos e dendrímeros pode ser estudada através da espetroscopia de fluorescência, que oferece uma variedade de informações úteis. É possível determinar as dimensões e formas das moléculas utilizando a espetroscopia de fluorescência. De acordo com a descoberta de (Brauge, L., 2001), o aumento do pH pode melhorar a emissão de dendrímeros PAMAM periféricos NH2 de quarta geração (G4).

- **Microscopia de força atómica (AFM)**

Pode utilizar-se o AFM para investigar a mobilidade e a estrutura das macromoléculas dendríticas. O AFM traça com precisão o perfil da forma e da textura da superfície em três dimensões. (Li, J., Piehler, 2000) utilizou a microscopia de força atómica para examinar nanotubos de carbono de paredes múltiplas modificados com dendrímeros de poliamidoamina.

❖ **Espectrometria de fotoelectrões de raios X (XPS)**

A espetrometria eletrónica, ou espetrometria de fotoelectrões de raios X, é utilizada na análise química. A espessura em nm de um ou mais dendrímeros de camada fina, a fórmula empírica, o estado químico, a composição elementar e o estado eletrónico podem ser calculados utilizando técnicas espectroscópicas quantitativas (Demathieu, C., 1999; Gates, A. T., 2010).

Técnicas Microscópicas

A topografia das superfícies dos dendrímeros é analisada por microscopia eletrónica de varrimento (SEM) por (Dadapeer et al. 2010) para compreender melhor as propriedades de superfície dos dendrímeros com fenil-OH.

❖ **Micrografia Eletrónica de Transmissão (TEM)**

Os feixes de electrões/negatrões são utilizados nos TEMs para examinar materiais demasiado delicados para suportarem sozinhos a potência total do feixe. As imagens são criadas e ampliadas por tecnologia de imagem baseada neste contacto. (Jackson et al. 1998) utilizaram a microscopia eletrónica de transmissão para estudar moléculas de dendrímeros de poli(amidoamina) PAMAM, determinando a sua forma, distribuição de tamanhos e dimensões médias de G5 a G10.

Técnicas electroanalíticas

As técnicas electroanalíticas têm o potencial de descrever sistemas electroquimicamente viáveis com baixos limites de deteção (Ledesma- García, 2003). Estas abordagens podem ser utilizadas para estudar a adsorção, a cinética das substâncias químicas, as constantes de equilíbrio, as transferências de massa e a estequiometria.

- **Ressonância Paramagnética de Electrões (EPR)**

O dendrímero adsorvido em alumina estimulada, zeólitos e sílica homosporosa foi investigado por (Ottaviani et al. 2003) utilizando ressonância paramagnética eletrónica. A análise de espécies químicas que contêm um eletrão adicional é realizada utilizando esta técnica. Os complexos de iões de metais de transição e os radicais livres em substâncias orgânicas e inorgânicas são ambos exemplos de radicais livres.

- **Eletroforese**

Quando aplicadas a dendrímeros, estas abordagens fornecem pormenores cruciais sobre a uniformidade da sua dissolução em água. A qualidade dos dendrímeros de poli-amidodiamina foi avaliada por (Ottaviani et al. 2003) utilizando espetrometria de massa, 13C NMR e eletroforese em gel.

- **Eletroquímica**

Os investigadores Carmo et al. utilizaram a voltametria cíclica para estudar a adsorção de Cu em gel de cloropropil-sílica modificado com dendrímeros DAB-AM-16 adaptados. O complexo de cobre mediou um processo de redução-oxidação ao longo da sua investigação (do Carmo2012).

- **Titrimetria**

A técnica preferida para a identificação de grupos terminais de dendrímeros é a titulação.(Shi, X.,2006) investigou a funcionalização de poli(amidoamina)

dendrímeros por titrimetria potenciométrica, medindo as quantidades de grupos amina primários e terciários.

- **Análise termogravimétrica (TGA)**

A quantidade pela qual a massa de uma amostra muda à medida que a sua temperatura aumenta é medida pela análise termogravimétrica. A taxa de alteração na DTA pode ser endotérmica ou exotérmica, tal como na GC. Por conseguinte, a TGA-DTA é utilizada num ambiente laboratorial controlado para examinar as diferenças no fluxo de calor e no peso devido a alterações de temperatura (Choudhury, N. R., 2004) investigou as propriedades termogravimétricas de um dendrímero que incorpora fósforo e é revestido com difenildi-hidroxissilano.

1.7. Aplicações dos dendrímeros

Os dendrímeros são uma família de polímeros que se distinguem dos outros polímeros pela sua natureza altamente ramificada e pela sua arquitetura esférica persistente. Os polímeros dendríticos têm o potencial de absorção devido às suas caraterísticas únicas, como a capacidade de controlar com precisão o seu peso molecular (Cloninger, M. J., 2002). No entanto, a ênfase foi colocada na sua capacidade de sintetizar e analisar os dados (Frechet, J. M. J., 2002). Nos últimos anos, tem-se assistido a um aumento da investigação em vários sectores, incluindo

biomedicina e na indústria. [st]Um termo para os dendrímeros é "polímeros do século XXI", devido à sua utilização generalizada e à sua profunda influência na medicina (Vogl, O., 1996). (**A Figura 1.8** mostra como os dendrímeros têm sido utilizados em aplicações medicinais, tais como melhoradores de solubilidade para medicamentos, substitutos do sangue e muitas outras utilizações (Pan, G.,2005; Twibanire, J.,2014; Twyman, L. J. 2000; Han, M., 2011; Tajarobi, F., 2001; Frechet, J. M. J.1994).

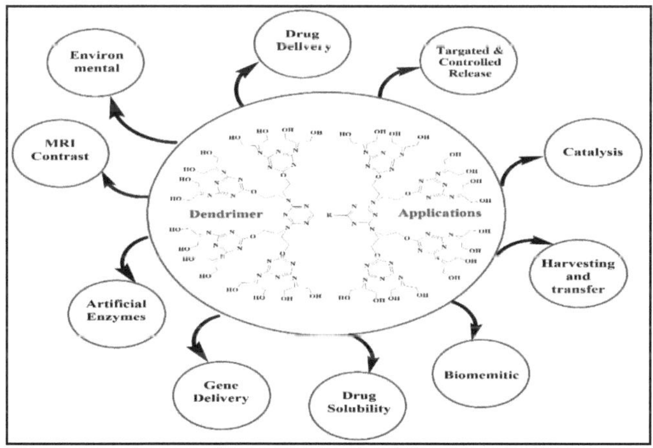

Figura 1.8 Dendrímeros e as suas inúmeras utilizações potenciais em campos diferentes.

Aplicações farmacêuticas

Como grupo-alvo, os dendrímeros estão incluídos em vários medicamentos citotóxicos diferentes. Além disso, os dendrímeros são utilizados como um grupo ativo no tratamento de várias doenças, o que contribuiu para a sua rápida ascensão à proeminência no sector farmacêutico nos últimos anos (Yang, H., 2006).

- **Aumento da solubilidade de fármacos através de dendrímeros**

A maioria dos compostos medicamentosos tem uma aplicabilidade limitada devido à sua baixa solubilidade em comparação com a sua hidrofobicidade. O primeiro obstáculo tem de ser ultrapassado para produzir uma formulação segura, eficiente e fiável. Foram utilizadas várias estratégias experimentadas e inovadoras para resolver o problema da solubilidade. Vários cientistas investigaram os dendrímeros como um candidato potencialmente útil para a solubilização de bioactivos com uma variedade de actividades terapêuticas, incluindo anticancerígena, antimalárica, antiviral, antituberculosa, antimicrobiana, anti-inflamatória não esteroide (AINE) e anti-hipertensiva, etc. (Patel, H. N., 2013).

Os dendrímeros têm o potencial de aumentar a solubilidade de várias formas. Estas incluem a solubilização em micelas, contactos iónicos, interações hidrofóbicas e ligações de hidrogénio. Vários factores influenciam a solubilização dos dendrímeros, incluindo o calor (temperatura), a concentração, o tamanho do núcleo, o pH, os grupos externos e as unidades de bifurcação internas. A eficácia da solubilização dos dendrímeros pode ser alterada modificando o seu núcleo, a unidade de ramificação ou as funções de superfície, ou introduzindo porções hidrofílicas (Gupta, U.,2006; Jain, N. K.,2008).

Estudando AINEs como o Ibuprofeno, o Cetoprofeno e o Dolobid, os cientistas descobriram que os dendrímeros melhoraram significativamente a sua solubilidade (Koç, F. E.,2013; Chauhan, A. S.,2003). A eficiência de solubilização dos dendrímeros aumentou com a geração e a concentração em pesquisas utilizando dendrímeros PAMAM com núcleo de óxido de polipropileno. Os dendrímeros são um transportador particularmente eficaz quando se considera a forma como as entidades químicas podem aumentar a sua biodisponibilidade. (**A Figura 1.9** ilustra as potenciais utilizações dos dendrímeros na solubilização e encapsulamento de fármacos.

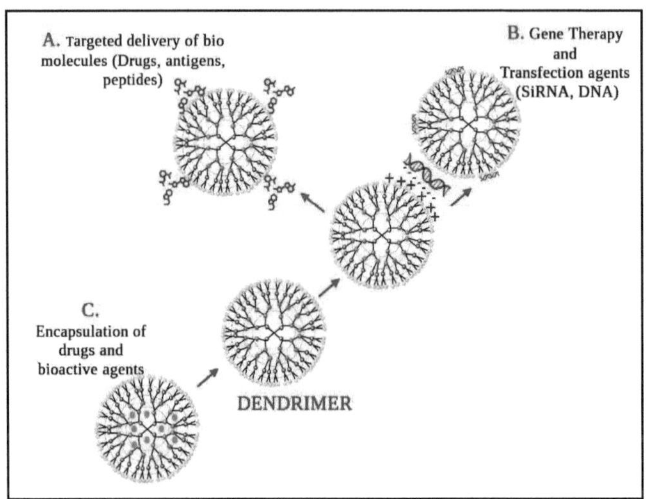

Figura 1.9 Ilustração das potenciais utilizações dos dendrímeros na solubilização e encapsulamento de fármacos.

❖ **Dendrímeros como agentes promissores para a libertação dentária de fármacos**

O método de distribuição dentária (oral) de medicamentos tem fornecido com sucesso muitos medicamentos e é frequentemente considerado o mecanismo mais eficaz para os suportes poliméricos de medicamentos. No entanto, o tamanho maciço dos transportadores poliméricos de medicamentos e o elevado peso molecular podem limitar a biodisponibilidade oral dos medicamentos. As variações no volume hidrodinâmico, no peso molecular, na estrutura molecular e na carga conferem aos diferentes transportadores poliméricos de fármacos a sua permeabilidade líquida distinta (Singh, A. K., 2017). Os dendrímeros são uma opção atractiva para utilização como veículos de administração de medicamentos porque as suas funções periféricas são mais sensíveis do ponto de vista químico do que as de outros polímeros (Cheng, Y.,2008).

Os grupos funcionais externos dos dendrímeros podem ser conjugados em vários compostos fisiologicamente activos. Devido à sua topologia de crescimento em forma de árvore e à sua forma esférica compactada em solução, a administração oral de medicamentos utilizando dendrímeros PAMAM tem sido objeto de investigação substancial (El-Sayed, M., 2002; Kolhatkar, R. B., 2008). As suas numerosas cadeias e aminogrupos externos podem imobilizar fármacos, agentes biológicos, anticorpos e outros compostos bioactivos (Kitchens, K. M., 2006). O dendrímero ideal deve ser seguro, não desencadear uma resposta imunitária, ser biocompatível e ter capacidades específicas de direcionamento. (**A Figura 1.10** mostra as potenciais utilizações medicinais dos dendrímeros.

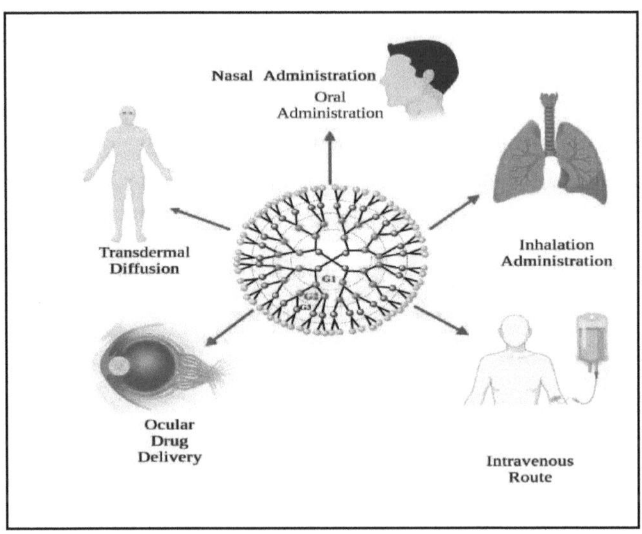

Figura 1.10 Ilustração das potenciais utilizações medicinais dos dendrímeros.

Devido às suas propriedades únicas, os dendrímeros de poliamidoamina (PAMAM) têm atraído a maior atenção entre as macromoléculas starburst. Estas caraterísticas surgiram de uma nova combinação de factores. Para além da quimioterapia convencional, os dendrímeros PAMAM podem atacar especificamente as células cancerígenas. Os agentes de imagem, tais como sensores em células cancerígenas, podem ser melhorados na sua deteção ao serem conjugados com o exterior dos dendrímeros hospedeiros através de grupos de mira. Em vez de estar livre, a cisplatina era dez vezes mais solúvel quando complexada com dendrímeros PAMAM terminados em carboxilato. Os investigadores demonstraram que os dendrímeros com baixo peso molecular, núcleos mais cheios e uma forma elipsoidal, achatada ou alongada podem ser agentes de contraste dendríticos de RMN mais eficazes.

❖ Dendrímeros como veículo de entrega ocular

Os dendrímeros têm atraído muita atenção como uma potencial estratégia de administração ocular de fármacos (Loutsch, J. M., 2003) devido à sua maleabilidade na estrutura e manipulação do tamanho, o que pode levar a uma biodistribuição mais favorável no olho. Dendrímeros PAMAM modificados no exterior com

Os grupos carboxílicos ou hidroxílicos podem melhorar a retenção ocular e a biodisponibilidade da pilocarpina. Os dendrímeros podem ser convertidos em hidrogéis através do acoplamento com polietilenoglicol (PEG), que tem várias utilizações (Lancina, M. G., 2017), desde a formação de tecido cartilaginoso até à cicatrização de lesões oculares. Como resultado, os dendrímeros são promissores como uma técnica potencial para aplicações terapêuticas para melhorar a administração de medicamentos oculares.

❖ Fármacos administrados na pele através de dendrímeros

Quando um fármaco é administrado topicamente (na pele) para ter um efeito em todo o corpo, diz-se que é administrado por via transdérmica (Tolia, G.,2008). A permeabilidade da pele aos dendrímeros depende da sua concentração, tamanho de geração, composição e carga superficial, entre outras caraterísticas físicas e químicas (Dave, K.,2017). Os medicamentos antibióticos, antivirais, anticancerígenos e anti-hipertensivos estão entre os que encontram um lar em dendrímeros para transporte transcutâneo. Dois AINEs modelados, o dolobid e o cetoprofeno, demonstraram ter uma dispersão epidérmica consideravelmente melhorada quando administrados com dendrímeros PAMAM, de acordo com a investigação efectuada por (Yiyun et al. 2007).

Ao encapsular a cisplatina, um medicamento anticancerígeno à base de platina, no interior de um dendrímero PAMAM, os investigadores conseguiram criar conjugados com caraterísticas superiores às do próprio fármaco, incluindo uma acumulação mais significativa em tumores sólidos, uma libertação retardada e uma toxicidade reduzida (Madaan, K., 2014).

- **Direcionamento da administração de medicamentos utilizando dendrímeros**

O termo "entrega de fármacos orientada" descreve a forma como um agente terapêutico é entregue a um conjunto específico de células ou tecidos. O estudo utiliza dendrímeros como meio de transporte de fármacos (Madaan, K., 2014). Os efeitos tóxicos da quimioterapia foram atenuados quando administrados diretamente às células cancerosas em vez de sistemicamente. A geração 5 de dendrímeros PAMAM ligados ao ácido fólico foi desenvolvida e utilizada para a administração direcionada de metotrexato, como

relatado por (Hong, S.,2007; Parekh, H. S.,2007).

- **Dendrímeros na entrega de genes**

Os dendrímeros podem ser utilizados no domínio da terapia genética. Os dendrímeros PAMAM e outros dendrímeros com grupos amino nas suas extremidades podem ligar-se aos fosfatos dos ácidos nucleicos. Os cientistas estão a considerar os dendrímeros PAMAM como um possível vetor de transmissão de genes (Dufe s, C., 2005). Embora exista uma classe de dendrímeros conhecida como copolímeros dendríticos, existem dois tipos: A ligação de várias cunhas a uma molécula central multifuncional produz dendrímeros de blocos de segmentos. As unidades esféricas organizadas de forma concentrada e de composição química variada constituem os dendrímeros de bloco de camadas (Uchegbu, I., 2008; Eichman,
J. D.,2000). As moléculas de ADN, com as suas propriedades únicas de deteção molecular, são excelentes candidatas a estas aplicações. As cadeias de ADN podem potencialmente organizar-se numa variedade de formas complexas e não lineares. A dupla hélice pode ramificar-se se a cadeia de complementaridade entre os seus componentes for quebrada.

Os dendrímeros com ramificações truncadas que terminam em oligonucleótidos de padrões idênticos ou distintos podem ser úteis para fazer gaiolas, criptas, tubos, redes, andaimes e outras estruturas tridimensionais complicadas. Uma caraterística crucial dos ácidos nucleicos é a sua capacidade de sofrer uma rápida conversão por fusão do ADN de cadeia dupla emparelhado com bases. As potenciais aplicações estruturais dos ácidos nucleicos ramificados requerem uma compreensão do modo como a desnormalização afecta este comportamento.

1.8. CONCLUSÃO E DIRECÇÕES FUTURAS

A exploração e o desenvolvimento de dendrímeros têm sido fundamentais para o avanço no domínio da química de polímeros. Com as suas estruturas altamente ramificadas e monodispersas, os dendrímeros apresentam propriedades físicas e químicas únicas que os tornam adequados para várias aplicações, incluindo a administração de medicamentos, a nanotecnologia e a ciência dos materiais. Apesar da extensa investigação e das numerosas patentes, o elevado custo de produção e a complexidade da síntese têm impedido a sua comercialização generalizada.

Para ultrapassar estes desafios, a investigação em curso centra-se no desenvolvimento de métodos sintéticos mais eficientes e económicos. Inovações como a abordagem de crescimento exponencial duplo e os métodos de crescimento de hipernúcleo ou hipermonómero visam simplificar a síntese de dendrímeros, tornando potencialmente viável a produção em grande escala. Além disso, o método convergente oferece um maior controlo sobre a arquitetura do dendrímero, embora atualmente enfrente limitações comerciais devido às etapas de purificação adicionais necessárias.

As direcções futuras da investigação sobre dendrímeros incluem o reforço da sua biocompatibilidade e funcionalização para alargar a sua aplicação em biomedicina. A integração de dendrímeros com outros nanomateriais e a sua utilização em sistemas de administração de fármacos direcionados representam vias promissoras. À medida que as técnicas de síntese melhoram e os custos diminuem, o potencial dos dendrímeros para revolucionar várias indústrias torna-se cada vez mais viável.

Em resumo, embora os dendrímeros sejam imensamente promissores, a realização de todo o seu potencial exigirá avanços contínuos nas metodologias sintéticas e uma compreensão mais profunda das suas interações a nível molecular. O percurso desde a investigação laboratorial até à aplicação comercial é complexo, mas as propriedades únicas dos dendrímeros justificam o investimento contínuo no seu desenvolvimento.

ABREVIATURAS

- PAMAM - Poli(amidoamina)
- PPI - Poli(propilenimina)
- EPR - Permeabilidade e retenção melhoradas
- PEG - Poli(etilenoglicol)
- G - Geração (por exemplo, G1, G2, etc., referindo-se às gerações de dendrímeros)
- MW - Peso Molecular
- MRI - Imagem por Ressonância Magnética
- PEGilação - Ligação de PEG a moléculas
- MTT - (brometo de 3-(4,5-dimetiltiazol-2-il)-2,5-difeniltetrazólio)
- DMF - Dimetilformamida
- AINEs - Anti-inflamatórios não esteróides
- Caco-2 - Um tipo de linha celular derivada do carcinoma do cólon humano, utilizada na investigação biológica e farmacêutica
- MDCK - Células do rim canino de Madin-Darby, utilizadas na investigação biológica e farmacêutica
- DFT - Teoria do Funcional da Densidade
- PPI - Poli(propileno imina)

2. REFERÊNCIAS:

Abbasi, E., Aval, S. F., Akbarzadeh, A., Milani, M., Nasrabadi, H. T., Joo, S. W., ... Pashaei-Asl, R. (2014). Dendrímeros: Síntese, aplicações e propriedades. *Cartas de Pesquisa em Nanoescala, 9(1),* 247.

Arseneault, M., Wafer, C., & Morin, J. F. (2015). Avanços recentes na química de clique aplicada à síntese de dendrímeros. *Moléculas, 20(5),* 9263-9294.

Boas, U., Söntjens, S. H. M., Jensen, K. J., Christensen, J. B., & Meijer, E. W. (2002). Novos Complexos Dendrímero-Peptídeo Hospedeiro-Hóspede: Towards Dendrimers as Peptide Carriers. *ChemBioChem, 3(5),* 433-439.

Brauge, L., Caminade, A.-M., Majoral, J.-P., Slomkowski, S., & Wolszczak, M. (2001). Mobilidade segmentar em dendrímeros contendo fósforo: Estudos por espetroscopia fluorescente. *Macromolecules, 34(16),* 5599-5606.

Buhleier, E., Wehner, W., & Vögtle, F. (1978). Sínteses "em cascata" e "tipo cadeia não deslizante" de topologias de cavidades moleculares. *Synthesis, 1978(2),* 155-158.

Caminade, A. M., Laurent, R., & Majoral, J. P. (2005). Characterization of Dendrimers (Caracterização de Dendrímeros). *Advanced Drug Delivery Reviews, 57(15),* 2130-

2146.

Chauhan, A. S., Sridevi, S., Chalasani, K. B., Jain, A. K., Jain, S. K., Jain, N. K., & Diwan, P. V. (2003). Entrega transdérmica mediada por dendrímero: Biodisponibilidade melhorada da indometacina. J. *Control. Release, 90(3),* 335-343.

Cheng, Y., Xu, Z., Ma, M., & Xu, T. (2008, janeiro). Dendrímeros como transportadores de drogas: Aplicações em diferentes vias de administração de medicamentos. *J. Pharm. Sci., 97(1),* 123-143.

Choi, J. S., Joo, D. K., Kim, C. H., Kim, K., & Park, J. S. (2000). Síntese de um copolímero tribloco do tipo Barbell, dendrímero de poli(l-lisina) - bloco de poli(etilenoglicol) - bloco de poli(l-lisina) - dendrímero, e sua autossuficiência.

Montagem com ADN de plasmídeo. *Journal of the American Chemical Society, 122(3),* 474-480.

Choudhury, N. R. (2004). Híbrido mediado por modelo a partir de dendrímero. *J. Sol Gel Sci. Technol., 31(1-3),* 37-45.

Cloninger, M. J. (2002). Biological applications of dendrimers (Aplicações biológicas dos dendrímeros). *Opinião atual em biologia química, 6(6), 742-748.*

Dadapeer, E., Babu, B. H., Suresh Reddy, C., & Charmarthi, N. R. (2010). Síntese, caraterização espetral, estudo microscópico eletrónico e análise termogravimétrica de um dendrímero contendo fósforo com difenilsilanodiol como unidade central. *Beilstein J. Org. Chem., 6,* 726-731.

Darbre, T., & Reymond, J. L. (2006). Dendrímeros Peptídicos como Enzimas Artificiais, Receptores e Agentes de Liberação de Drogas. *Contas de Pesquisa Química, 39(12),* 925-934.

Dave, K., & Krishna Venuganti, V. V. (2017). Polímeros dendríticos para entrega de medicamentos dérmicos. *Ther. Deliv., 8(12),* 1077-1096.

de Brabander-van den Berg, E. M. M., & Meijer, E. W. (1993). Dendrímeros de poli(propileno imina): Large-Scale Synthesis by Hetereogeneously Catalyzed Hydrogenations. *Angewandte Chemie International Edition em inglês, 32(9),* 1308-1311.

Demathieu, C., Chehimi, M. M., Lipskier, J.-F., Caminade, A.-M., & Majoral, J.-
P. (1999). Caracterização de dendrímeros por espetroscopia de fotoelectrões de raios X. *Appl. Spectrosc., 53(10),* 1277-1281.

Denkewalter, R. G., Kolc, J. F., & Lukasavage, W. J. (1983). U.S. Pat. 4 360 646, U.S. Pat. 4 289 872, U.S. Pat. 4 410 688.

do Carmo, D. R., & Paim, L. L. (2012). Investigação sobre o cobre adsorção na superfície do gel de cloropropilsílica modificado com um dendrímero nanoestruturado DAB-Am-16: Uma aplicação analítica para a determinação de cobre em diferentes amostras. *Ingredients Res., 16(1),* 164- 172.

Dufès, C., Uchegbu, I. F., & Schätzlein, A. G. (2005). Dendrímeros na entrega de genes. *Adv. Drug Deliv. Rev., 57(15),* 2177-2202.

Duncan, R., & Izzo, L. (2005). Biocompatibilidade e toxicidade do dendrímero.

Advanced Drug Delivery Reviews, 57(15), 2215-2237.

Eichman, J. D., Bielinska, A. U., Kukowska-Latallo, J. F., & Baker, J. R. (2000). O uso de dendrímeros PAMAM na transferência eficiente de material genético para as células. *Pharm. Sci. Technol. Today, 3(7),* 232-245.

Esfand, R., & Tomalia, D. A. (2001). Dendrímeros de Poli(Amidoamina) (PAMAM): From Biomimicry to Drug Delivery and Biomedical Applications (Da biomimética à administração de medicamentos e aplicações biomédicas). *Drug Discovery Today, 6(8),* 427-436.

Fischer, M., & Vögtle, F. (1999). Dendrímeros: From Design to Application- A Progress Report. *Angewandte Chemie International Edition em inglês, 38(7),* 884-905.

Francis, R., Gopalan, G. P., Sivadas, A., & Joy, N. (2016). Propriedades de polímeros responsivos a estímulos. *Aplicações Biomédicas de Polímeros,* 187-231.

Fréchet, J. M. J. (1994). Polímeros funcionais e dendrímeros: Reatividade, arquitetura molecular e energia interfacial. *Science, 263(5154),* 1710- 1715.

Fréchet, J. M. J. (2002, 16 de abril). Dendrímeros e química

supramolecular.
Proc. Natl. Acad. Sci. U. S. A., 99(8), 4782-4787.

Furer, V. L., Majoral, J. P., Caminade, A. M., & Kovalenko, V. I. (2004).
Caracterização de dendrímeros elementares orgânicos por espetroscopia Raman.
Polymer, 45(17), 5889-5895.

Furer, V. L., Vandyukov, A. E., Majoral, J. P., Caminade, A. M., & Kovalenko, V.
I. (2004). Estudos de espetroscopia de infravermelho com transformada de Fourier e de diferença Raman dos dendrímeros contendo fósforo. *Spectrochimica Ata Parte A: Espectroscopia Molecular e Biomolecular, 60(7),* 1649-1657.

Gates, A. T., Nettleton, E. G., Myers, V. S., & Crooks, R. M. (2010). Síntese e caraterização de nanopartículas encapsuladas em dendrímeros de NiSn. *Langmuir, 26(15),* 12994-12999.

Ghorai, S., Bhattacharyya, D., & Bhattacharjya, A. (2004). Os Primeiros Exemplos de Dendrímeros Derivados de Carbohidratos Quirais com Cobertura de Antraceno: Synthesis, Fluorescence and Chiroptical Properties. *Tetrahedron Letters, 45(32),* 6191- 6194.

Gomez, M. V., Guerra, J., Velders, A. H., & Crooks, R. M. (2009). Caracterização NMR de Dendrímeros PAMAM de Quarta Geração na Presença e Ausência de Nanopartículas Encapsuladas em Dendrímero de Paládio. *Journal of the American Chemical Society,*

131(1), 341-350.

Gupta, U., Agashe, H. B., Asthana, A., & Jain, N. K. (2006). Dendrímeros: Novel polymeric nanoarchitectures for solubility enhancement. *Biomacromolecules, 7(3)*, 649-658.

Han, M., Zhang, H.-Y., Yang, L.-X., Ding, Z.-J., Zhuang, R.-J., & Liu, Y. (2011). A
[2]catenano e pretzelano baseados em sn-porfirina e éter de coroa. *Eur. J. Org. Chem., 2011(36)*, 7271-7277.

Hawker, C., & Fréchet, J. M. (1990). Uma nova abordagem convergente para macromoléculas dendríticas monodispersas. *Journal of the Chemical Society, Chemical Communications, (15)*, 1010-1013.

Hong, S., Leroueil, P. R., Majoros, I. J., Orr, B. G., Baker, J. R., & Banaszak Holl,
M. M. (2007). A avidez de ligação de uma plataforma de administração de fármacos multivalente baseada em nanopartículas. *Chem. Biol, 14(1)*, 107-115.

Hudson, S. D., Jung, H.-T., Percec, V., Cho, W.-D., Johansson, G., Ungar, G., & Balagurusamy, V. S. K. (1997). Visualização direta de dendrímeros supramoleculares cilíndricos e esféricos individuais. *Science, 278(5337)*, 449-452.

Jackson, C. L., Chanzy, H. D., Booy, F. P., Drake, B. J., Tomalia, D. A., Bauer, B. J., & Amis, E. J. (1998). Visualização de moléculas de dendrímero por microscopia eletrónica de transmissão (TEM): Abordagens de coloração e cryo-TEM de soluções vitrificadas.

Macromolecules, 31(18), 6259-6265.

Jain, N. K., & Gupta, U. (2008). Aplicação da complexação dendrímero-fármaco no aumento da solubilidade e biodisponibilidade do fármaco. *Expert Opin. Drug Metab. Toxicol., 4(8),* 1035-1052.

Jang, W.-D., Kamruzzaman Selim, K. M., Lee, C.-H., & Kang, I.-K. (2009). Aplicação Bioinspirada de Dendrímeros: From Bio-mimicry to Biomedical Applications. Progresso na *ciência* dos polímeros, *34(1),* 1-23.

Kawaguchi, T., Walker, K. L., Wilkins, C. L., & Moore, J. S. (1995). Double exponential dendrimer growth. *Journal of the American Chemical Society, 117(8),* 2159-2165.

Kinberger, G. A., Cai, W., & Goodman, M. (2002). Dendrímeros miméticos de colagénio. *Journal of the American Chemical Society, 124(51),* 15162- 15163.

Kitchens, K. M., Kolhatkar, R. B., Swaan, P. W., Eddington, N. D., & Ghandehari,
H. (2006). Transporte de dendrímeros de poli(amidoamina) através de monocamadas de células Caco-2: Influência do tamanho, carga e marcação fluorescente. *Pharm. Res., 23(12),* 2818-2826.

Klajnert, B., & Bryszewska, M. (2001). Dendrímeros: Propriedades e aplicações. *Ata Biochimica Polonica, 48(1),* 199-208.

Klopsch, R., Schlüter, A.-D., & Franke, P. (1996). Estratégia repetitiva para o crescimento exponencial de dendrões hidroxi-funcionalizados. *Chemistry - A European Journal, 2(10),* 1330-1334.

Kolev, T. M., Velcheva, E. A., Stamboliyska, B. A., & Spiteller, M. (2005). DFT and Experiment Studies of the Structure and Vibrational Spectra of Curcumin. *International Journal of Quantum Chemistry, 102(6),* 1069-1079.

Kolhatkar, R. B., Swaan, P., & Ghandehari, H. (2008). Potencial de administração oral de 7-etil-10-hidroxi-camptotecina (SN-38) utilizando dendrímeros de poli(amidoamina). *Pharm. Res., 25(7),* 1723-1729.

Koper, G. J. M., van Genderen, M. H. P., Elissen-Román, C., Baars, M. W. P. L., Meijer, E. W., & Borkovec, M. (1997). Protonation Mechanism of Poly(Propylene Imine) Dendrimers and Some Associated Oligo Amines. *Journal of the American Chemical Society, 119(28),* 6512-6521.

Koç, F. E., & Şenel, M. (2013). Aumento da solubilidade de medicamentos anti-inflamatórios não esteróides (AINEs) usando dendrímeros PAMAM com núcleo de óxido de polipropileno. *Int. J. Pharm., 451(1-2),* 18-22.

l-Sayed, M., Ginski, M., Rhodes, C., & Ghandehari, H. (2002). Transporte transepitelial de dendrímeros de poli (amidoamina) através de monocamadas de células Caco-2.
J. Control. Release, 81(3), 355-365.

Lancina, M. G., & Yang, H. (2017). Dendrímeros para administração de drogas oculares. *Can. J. Chem., 95(9),* 897-902.

Ledesma-García, J., Manríquez, J., Gutiérrez-Granados, S., & Godínez, L. A. (2003). Dendrimer Modified Thiolated Gold Surfaces as Sensor Devices for Halogenated Alkyl-Carboxylic Acids in Aqueous Medium. Um novo tipo promissor de superfícies para aplicações electroanalíticas. Electroanalysis: An International *Journal Devoted to Fundamental and Practical Aspects of Electroanalysis, 15(7),* 659-666.

Li, J., Piehler, L. T., Qin, D., Baker, J. R., Tomalia, D. A., & Meier, D. J. (2000). Visualização e caraterização de dendrímeros de poli(amidoamina) por microscopia de força atómica. *Langmuir, 16(13),* 5613-5616.

Liu, D., Gao, J., Murphy, C. J., & Williams, C. T. (2004). Espectroscopia de infravermelho de reflexão total atenuada in situ de nanopartículas de platina estabilizadas com dendrímero adsorvidas em alumina. *Journal of Physical Chemistry B, 108(34),* 12911-12916.

Loutsch, J. M., Ong, D., & Hill, J. M. (2003). Dendrímeros: um sistema inovador e melhorado de administração de medicamentos oculares. *Em Ophthalmic Drug Delivery Systems* (pp. 488-513). CRC Press.

Lutz, J. F. (2017). Definindo o campo de polímeros controlados por sequência. *Macromolecular Rapid Communications, 38(24),* 1700582. b) Flory, P. J. (1941). Distribuição do tamanho molecular em polímeros tridimensionais. I. Gelation. *Journal of the American Chemical Society, 63(11),* 3083-3090.

Lutz, J. F., Ouchi, M., Liu, D. R., & Sawamoto, M. (2013). Polímeros controlados por sequência. *Science, 341(6146),* 1238149.

Madaan, K., Kumar, S., Poonia, N., Lather, V., & Pandita, D. (2014). Dendrímeros na entrega e direcionamento de medicamentos: Interações droga-dendrímero e questões de toxicidade. *J. Pharm. Bioallied Sci., 6(3),* 139-150.

Madaan, K., Kumar, S., Poonia, N., Lather, V., & Pandita, D. (2014). Dendrímeros na entrega e direcionamento de medicamentos: Interações droga-dendrímero e questões de toxicidade. *Journal of Pharmacy & Bioallied Sciences, 6(3*), 139-150.

Malik, N., Wiwattanapatapee, R., Klopsch, R., Lorenz, K., Frey, H., Weener, J. W., ... Duncan, R. (2000). Dendrímeros: Relação entre estrutura e

Biocompatibility In Vitro, and Preliminary Studies on the Biodistribution of 125I-Labelled Polyamidoamine Dendrimers In Vivo. *Journal of Controlled Release, 65(1-2),* 133-148.

Maraval, V., Pyzowski, J., Caminade, A. M., & Majoral, J. P. (2003). Química "Lego" para a síntese direta de dendrímeros. *Journal of Organic Chemistry, 68(15),* 6043-6046.

Martens, S., Holloway, J. O., & Du Prez, F. E. E. (2017). Clique e química inspirada em cliques para o design de polímeros controlados por sequência. *Comunicações Rápidas Macromoleculares, 38(24),* 1700469.

Mekuria, S. L., Debele, T. A., & Tsai, H.-C. (2016). Nano-portador direcionado baseado em dendrímero PAMAM para bioimagem e agentes terapêuticos. *RSC Advances, 6(68),* 63761-63772.

Mourey, T. H., Turner, S. R., Rubinstein, M., Fréchet, J. M. J., Hawker, C. J., & Wooley, K. L. (1992). Comportamento único de macromoléculas dendríticas: Intrinsic viscosity of polyether dendrimers. *Macromolecules, 25(9),* 2401- 2406.

Nanjwade, B. K., Bechra, H. M., Derkar, G. K., Manvi, F. V., & Nanjwade, V. K. (2009). Dendrímeros: Emerging Polymers for Drug-Delivery-Systems (Polímeros emergentes para sistemas de administração de fármacos). *Jornal Europeu de Ciências Farmacêuticas, 38(3),* 185-196.

Nasongkla, N., Chen, B., Macaraeg, N., Fox, M. E., Fréchet, J. M. J., & Szoka, F.
C. (2009). Dependência da Farmacocinética e Biodistribuição da Arquitetura do Polímero: Effect of Cyclic Versus Linear Polymers. *Journal of the American Chemical Society, 131(11),* 3842-3843.

Newkome, G. R., Yao, Z., Baker, G. R., & Gupta, V. K. (1985). Micelas. Parte 1. Moléculas em cascata: A New Approach to Micelles. A [27]-Arborol. *Journal of Organic Chemistry, 50(11),* 2003-2004.

Noriega-Luna, B., Godínez, L. A., Rodríguez, F. J., Rodríguez, A., Zaldívar-Lelo de Larrea, G., Sosa-Ferreyra, C. F., ... Bustos, E. (2014). Aplicações de Dendrímeros em Agentes de Entrega de Medicamentos, Diagnóstico, Terapia e Deteção. *Journal of Nanomaterials,* 1-19.

Oliveira, J. M., Salgado, A. J., Sousa, N., Mano, J. F., & Reis, R. L. (2010). Dendrímeros e Derivados como Potencial Ferramenta Terapêutica em Estratégias de Medicina Regenerativa - Uma Revisão. *Progress in Polymer Science, 35(9),* 1163- 1194.

Ottaviani, M. F., Turro, N. J., Jockusch, S., & Tomalia, D. A. (2003). Investigação EPR da adsorção de dendrímeros em superfícies porosas. *J. Phys. Chem. B, 107(9),* 2046-2053.

Pan, G., Lemmouchi, Y., Akala, E. O., & Bakare, O. (2005). Estudos sobre dendrímeros PAMAM peguilados e carregados com fármacos. *J. Bioact. Compat. Polym., 20(1),* 113- 128.

Parekh, H. S. (2007). O avanço dos dendrímeros - Uma plataforma versátil de direcionamento para a entrega de genes/drogas. *Curr. Pharm. Des., 13(27),* 2837-2850.

Patel, H. N., & Patel, P. M. (2013). Aplicações de dendrímeros - Uma revisão. *Int. J. Pharm. Biol. Sci., 4(2),* 454-463.

Patri, A. K., & Simanek, E. (2012). Aplicações biológicas de dendrímeros.
Molecular Pharmaceutics, 9(3), 341.

Pushechnikov, A., Jalisatgi, S. S., & Hawthorne, M. F. (2013). Dendritic Closomers: Novos dendrímeros híbridos esféricos. *Chemical Communications, 49(34),* 3579-3581.

Put, E. J. H., Clays, K., Persoons, A., Biemans, H. A. M., Luijkx, C. P. M., & Meijer,
E. W. (1996). A simetria de dendrímeros de poli (propileno imina) funcionalizados sondada com dispersão de hiper-Rayleigh. *Física Química Cartas, 260(1-2),* 136-141.

Rani, G. T., Shankar, D. G., Shireesha, M., & Satyanarayana, B. (2012). Método espetrofotométrico para a determinação do Antagonista do Recetor da Angiotensina-II em formas de dosagem a granel e farmacêuticas. *Int J Pharm Pharm Sci, 4(1),* 198-202.

Ritzén, A., & Frejd, T. (1999). Síntese de um Dendrímero Quiral Baseado em Aminoácidos Polifuncionais. *Chemical Communications, 2(2),* 207-208.

Roberts, J. C., Bhalgat, M. K., & Zera, R. T. (1996). Avaliação biológica preliminar de dendrímeros Starburst ™ de poliamidoamina (PAMAM). *Journal of Biomedical Materials Research, 30(1),* 53-65.

Roovers, J., & Comanita, B. (1999). Dendrímeros e Híbridos Dendrímero-Polímero. *Avanços na Ciência dos Polímeros,* 179-228.

Roy, R. (2003). A decade of glycodendrimer chemistry. *Trends in Glycoscience and Glycotechnology, 15(85),* 291-310.

Roy, R., Zanini, D., & Meunier, S. J. (1993). Síntese em fase sólida de inibidores de sialosídeos dendríticos da hemaglutinina do vírus da gripe A. *Journal of the Chemical Society, Chemical Communications, 24(24),* 1869.

Sadler, K., & Tam, J. P. (2002). Peptide Dendrimers: Applications and Synthesis. *Journal of Biotechnology, 90(3-4),* 195-229.

Sashiwa, H., Yajima, H., & Aiba, S. I. (2003). Síntese de um híbrido quitosano-dendrímero e sua biodegradação. *Biomacromolecules, 4(5),* 1244- 1249.

Scott, R. W. J., Wilson, O. M., & Crooks, R. M. (2005). Síntese, Caracterização e Aplicações de Nanopartículas Encapsuladas em Dendrímeros. *Journal of Physical Chemistry B, 109(2),* 692-704.

Shi, X., Bányai, I., Rodriguez, K., Islam, M. T., Lesniak, W., Balogh, P., Baker, J.
R. (2006). Estudos de mobilidade electroforética e distribuição molecular de dendrímeros de poli(amidoamina) com cargas definidas. *Electrophoresis, 27(9),* 1758-1767.

Shi, X., Lesniak, W., Islam, M. T., Muñiz, M. C., Balogh, L. P., & Baker, J. R. (2006). Caracterização abrangente de dendrímeros de poli (amidoamina) funcionalizados na superfície com grupos acetamida, hidroxila e carboxila. Colloids Surf. *A Physicochem. Eng. Aspects, 272(1-2),* 139-150.

Singh, A. K., Sharma, A. K., Khan, I., Gothwal, A., Gupta, L., & Gupta, U. (2017). Potencial de entrega de drogas orais de dendrímeros. *Nanostruct. J. Oral Med.*, 231- 261.

Singh, S., Lohiya, G., Limburkar, P., Dharbale, N., & Mourya, V. (2009). Dendrimer a Versatile Polymer in Drug Delivery. *Asian Journal of Pharmaceutical Sciences, 3(3)*, 178.

Stöckigt, D., Lohmer, G., & Belder, D. (1996). Separação e identificação de dendrímeros básicos utilizando eletroforese capilar em linha acoplada a um espetrómetro de massa setorial. *Comunicações Rápidas em Espectrometria de Massa, 10(5)*, 521-526.

Svenson, S., & Tomalia, D. A. (2005). Dendrímeros em aplicações biomédicas - Reflexões sobre o campo. *Advanced Drug Delivery Reviews, 57(15)*, 2106-2129.

Tajarobi, F., El-Sayed, M., Rege, B. D., Polli, J. E., & Ghandehari, H. (2001). Transporte de dendrímeros de poli-amidoamina através de células renais caninas de Madin-Darby. *Int. J. Pharm., 215(1-2)*, 263-267.

Tande, B. M., Wagner, N. J., Mackay, M. E., Hawker, C. J., & Jeong, M. (2001). Propriedades viscosimétricas, hidrodinâmicas e conformacionais de dendrímeros

e dendrões. *Macromolecules, 34(24)*, 8580-8585.

Tolia, G., & Choi, H. (2008). O papel dos dendrímeros na administração tópica de medicamentos.
Pharm. Technol., 32(11).

Tomalia, D. A., Baker, H., Dewald, J. R., Hall, M., Kallos, G., Martin, S., ... Smith,
P. (1985). Uma nova classe de polímeros: Starburst-dendritic macromolecules.
Polymer Journal, 17(1), 117-132.

Tomalia, D. A., Baker, H., Dewald, J., Hall, M., Kallos, G., Martin, S., ... Smith, P. (1986). Dendritic Macromolecules: Síntese de Dendrímeros Starburst. *Macromolecules, 19(9),* 2466-2468.

Tomalia, D. A., Naylor, A. M., & Goddard III, W. A. (1990). Starburst dendrimers: molecular-level control of size, shape, surface chemistry, topology, and flexibility from atoms to macroscopic matter. *Angewandte Chemie International Edition em inglês, 29(2),* 138-175.

Turnbull, W. B., & Stoddart, J. F. (2002). Conceção e síntese de glicodendrímeros. *Revisões em Biotecnologia Molecular, 90(3-4),* 231-255.

Turro, N. J., Chen, W., & Ottaviani, M. F. (2002). Characterization of Dendrimer Structures by Spectroscopic Techniques (Caracterização de estruturas de dendrímeros por técnicas espectroscópicas). *Em Dendrimers and Dendritic Polymers* (pp. 309-330).

Twibanire, J., & Grindley, T. B. (2014). Dendrímeros de poliéster: Transportadores inteligentes para entrega de medicamentos. *Polímeros, 6(1),* 179-213.

Twyman, L. J. (2000). Modificação pós-sintética do interior hidrofóbico de um dendrímero solúvel em água. *Tetrahedron Lett., 41(35),* 6875- 6878.

Uchegbu, I., Dufès, C., Lee, K. P., & Schätzlein, A. (2008). Polímeros e dendrímeros para entrega de genes em terapia genética. *Gene Cell Ther.,* 321.

Vogl, O. (1996). Polymers for the 21st century. *Journal of Macromolecular Science, Part A: Pure and Applied Chemistry, 33(7),* 963-993.

Wei, M., Gao, Y., Li, X., & Serpe, M. J. (2017). Polímeros responsivos a estímulos e suas aplicações. *Química de Polímeros, 8(1),* 127-143.

Wilczewska, A. Z., Niemirowicz, K., Markiewicz, K. H., & Car, H. (2012, setembro). Nanopartículas como sistemas de entrega de medicamentos. *Relatórios Farmacológicos, 64(5),* 1020-1037.

Wooley, K. L., Hawker, C. J., & Fréchet, J. M. J. (1991). Macromoléculas hiperbranqueadas através de uma nova abordagem de crescimento convergente em duas fases. *Journal of the American Chemical Society, 113(11),* 4252-4261.

Wooley, K. L., Hawker, C. J., & Fréchet, J. M. J. (1994). A 'Branched-

Monomer Approach' for the Rapid Synthesis of Dendrimers (Abordagem de Monómero Ramificado para a Síntese Rápida de Dendrímeros). *Angewandte Chemie International Edition em inglês, 33(1),* 82-85.

Yang, H., & Kao, W. J. (2006). Dendrímeros para aplicações farmacêuticas e biomédicas. *J. Biomater. Sci. Polym. Ed., 17(1-2),* 3-19.

Yiyun, C., Na, M., Tongwen, X., Rongqiang, F., Xueyuan, W., Xiaomin, W., & Longping, W. (2007). Entrega transdérmica de fármacos anti-inflamatórios não esteróides mediada por dendrímeros de poliamidoamina (PAMAM). *Jornal de Ciências Farmacêuticas, 96(3),* 595-602.

Yoo, H., Sazani, P., & Juliano, R. L. (1999). Dendrímeros PAMAM como Agentes de Entrega para Oligonucleotídeos Antisense. *Pharmaceutical Research, 16(12),* 1799-1804.

Zeng, F., & Zimmerman, S. C. (1997). Dendrímeros em química supramolecular: do reconhecimento molecular à auto-montagem. *Chemical Reviews, 97(5),* 1681-1712.

Ziemba, B., Matuszko, G., Bryszewska, M., & Klajnert, B. (2012). Influência dos dendrímeros nos glóbulos vermelhos. *Cartas de Biologia Celular e Molecular, 17(1),* 21-35.

Printed by Books on Demand GmbH, Norderstedt / Germany